LA COMÈTE

ET

LE CROISSANT

PARIS. — TYP. SIMON RAÇON ET Cᵉ, RUE D'ERFURTH, 1.

LA COMÈTE ET LE CROISSANT

PRÉSAGES ET PROPHÉTIES

RELATIFS A LA

QUESTION D'ORIENT

PAR

UN ASTROLOGUE CONTEMPORAIN

Entre toi et moi (Catherine de France et
Henri d'Angleterre qui parle), entre saint
Denis et saint Georges, ne composerons-
nous pas un petit garçon, moitié Français,
moitié Anglais, qui ira à Constantinople
et prendra le Turc par la *main*.

SHAKSPEARE, *Henri V*, acte V, scène II.

PARIS

LIBRAIRIE NOUVELLE

BOULEVARD DES ITALIENS, 15, EN FACE DE LA MAISON DORÉE

1854

LA COMÈTE

ET

LE CROISSANT

PREMIÈRE PARTIE

LES COMÈTES.

I

Une brillante comète nous est apparue dans les derniers jours de mars. Observée dès le 27, elle s'est montrée, le 31, dans tout son éclat. — Le même jour s'embarquaient, à Toulon, les premières troupes qui soient parties de France pour défendre, en Orient, la cause du droit européen et de la civilisation.

La coïncidence de ces deux faits est attestée par le *Bulletin de l'Académie des Sciences* et par le *Moniteur*.

II

Pendant bien longtemps l'apparition d'une comète a été considérée comme le signe précurseur de quelque grand événement : — présage de chute ou de triomphe, — promesse ou menace d'en haut. Grands et petits, rois de la terre et ministres du ciel, tous, aux premiers feux que l'astre chevelu jetait sur l'horizon, s'effrayaient, faisaient retour sur eux-mêmes, couraient aux autels, invoquaient la miséricorde divine, et parfois s'arrêtaient au seuil de quelque vaste et douteuse entreprise.

Les savants, qui, pendant des siècles, partagèrent la frayeur générale, ont démontré depuis que c'était là un préjugé indigne d'une époque éclairée comme la nôtre ; que les comètes n'exerçaient aucune influence sur nos destinées, et que l'ignorance seule pouvait imaginer quelque rapport entre le passage de ces astres dans notre firmament et les événements de ce monde.

Une comète n'est plus, à leurs yeux, qu'une étoile plus ou moins rebelle aux calculs de l'astronomie, mais aussi innocente que pas une de celles qui brillent au ciel ; ils lui refusent jusqu'à l'honneur de contribuer à faire ici-bas la pluie et le beau temps. Pour eux il n'y a plus de *vin de la comète.*

Je respecte infiniment les savants et suis bien loin d'avoir la téméraire pensée d'entrer en lutte avec eux. Ils ont déclaré la guerre aux préjugés ; ils les pourchassent en tous sens, les terrassent et les pulvérisent partout où ils les rencontrent ; c'est très-méritoire. A propos de Turcs, de Russes et de comètes, je ne veux pas me faire l'avocat du préjugé. Que les comètes s'en tirent comme elles pourront, et s'il leur prend fantaisie d'appeler de l'arrêt qui les dépouille de leur ancien prestige et les condamne au rôle de *nullités* célestes, qu'elles fassent naître un autre défenseur.

Mais j'ai aussi un très-grand respect pour les faits et les dates. Si pas une de ces catastrophes dont le retentissement se prolonge à travers les siècles n'est arrivée sans qu'une comète l'ait précédée ou accompagnée ; si pas un de ces hommes qui naissent d'âge en âge pour étonner le monde et passent en laissant dans l'histoire un sillon lumineux, — si, dis-je, pas un de ces météores de l'ordre moral n'a brillé sur la terre sans qu'aux cieux une comète marquât sa naissance, son apogée ou sa chute, le préjugé a droit de nous trouver au moins très-indulgent.

Sans vouloir rien ôter aux raisonnements et aux calculs de la science, voyons les dates et les faits.

III

L'an 1949 avant Jésus-Christ, une comète fut observée par les Chaldéens, ce peuple à qui l'astronomie doit ses premières découvertes. — Cette date, la plus ancienne dans l'histoire des comètes, appartient à l'époque où Ninus et Sémiramis régnaient dans tout l'éclat de leur gloire et de leur puissance.

Des provinces conquises, des empires

soumis, Ninive, la cité colossale, devenue la capitale de l'Asie, une reine dont le nom, après quatre mille ans, est resté, même dans le langage du peuple, synonyme de grandeur et de gloire : voilà sur terre un assez beau cortége à l'aînée des comètes.

On signale l'apparition d'une comète en Égypte, à l'époque des sept années de disette annoncées à Joseph par un songe.

La date d'une troisième coïncide avec la marche des Hébreux dans le désert et les conquêtes de Bacchus dans l'Inde ; celle-là doit être la comète chère aux vignerons.

IV

Mais arrivons rapidement aux temps où les dates et les rapprochements qu'elles font naître ont quelque chose de plus précis.

Une comète fut observée dans toute la Grèce au moment où Xerxès traversait l'Asie Mineure à la tête de l'armée qui allait être vaincue à Salamine. Hérodote et l'historien des comètes Charimander sont d'accord sur ce point.

Plus tard, une comète signale les commencements de la guerre du Péloponèse, si funeste à la Grèce ; une autre précède cette horrible peste d'Athènes dont Thucydide nous a laissé une description devenue classique.

Une comète se montre au ciel l'année où naît Alexandre ; le même astre ou un autre de même nature signale le commencement de son règne.

Deux siècles plus tard le même prodige se renouvelait à la naissance de Mithridate et à son avénement au trône.

L'an 204 avant J. C., au moment où, par une de ces résolutions qui n'appartiennent qu'au génie, Scipion ; laissant Annibal à quelques lieues de Rome, passe en Afrique et attaque Carthage sur son propre territoire, l'histoire signale l'apparition d'une comète.

Nous retrouvons une comète (*horribilis cometa*) à l'année où moururent Annibal, Scipion le vainqueur de Zama, et Philopœmen, le *dernier des Grecs* dans l'antiquité.

Et, comme pour compléter, *illustrer* jusqu'au bout l'histoire de la plus grande lutte que Rome païenne ait eu à soutenir, une comète précède (cent quarante-six ans avant J. C.) la prise de Carthage par Scipion, le deuxième du surnom d'Africain, et la prise de Corinthe par le consul Mummius.

Une comète signale le commencement de la guerre civile entre César et Pompée : c'est comme le *jacta est alea* de Lucain, écrit en traits de feu sur la voûte des cieux.

A la mort de César une comète se montre aux Romains, et une comète telle, qu'on peut la voir en plein jour. Ce n'est pas seulement le poëte des *Géorgiques*, ce sont tous les historiens de l'époque qui le racontent.

Cinquante-sept ans plus tard (l'an 14 de l'ère chrétienne), Rome est pour ainsi dire avertie de la mort d'Auguste par l'apparition d'une nouvelle comète d'un aspect particulier, *sanguinolenti cometæ;* comme si, par un effet de la justice divine, le souvenir des cruautés d'Octave devait se retrouver jusque dans l'apothéose d'Auguste.

Si je ne craignais d'être accusé de faire un mélange indigne du sacré et du profane, j'ajouterais, pour terminer cette table, empruntée à la chronologie ancienne, qu'une comète fut observée à Rome l'année même de la naissance de Notre-Seigneur Jésus-

Christ. Et, à cette occasion, une sibylle célèbre dit à Auguste que cet astre annonçait la naissance d'un enfant qui serait plus grand que lui, qu'il fallait adorer, et qui serait le fondateur d'une religion nouvelle : *Hic puer te major est; hunc adora.*

Ce fait, d'ailleurs, n'est nullement en désaccord avec les livres saints. La comète de Rome peut fort bien être l'étoile qui guida les rois mages à Bethléem.

V

Les comètes n'ont pas manqué davantage aux événements et aux grands hommes de l'ère chrétienne.

L'apparition d'une comète, cent quatre-vingt-trois ans avant Jésus-Christ, avait été suivie d'une attaque dirigée par Héliodore contre le temple de Jérusalem. Le siége de cette ville par Vespasien fut aussi marqué par la présence au ciel d'un de ces astres, dont les historiens nous ont décrit la forme particulière : *Cometa gladio flammivomo similis, et imminens urbi Hierosolimæ,* une comète semblable à un glaive flamboyant et menaçant la ville de Jérusalem.

Trois comètes marquent le règne glorieux de Constantin et la fondation de l'empire d'Orient.

Bientôt se succèdent les grandes invasions des Barbares. Rome est prise et saccagée par Alaric et par Totila, roi des Goths. Les hordes d'Attila envahissent la Gaule.

A chacun de ces événements, au passage de chacun de ces *fléaux de Dieu,* correspond l'apparition d'une comète.

Trois cents ans plus tard, deux comètes accompagnent l'invasion des Sarrasins au delà des Pyrénées et leur défaite par Charles Martel.

Quand le pape Léon III place la couronne impériale sur la tête de Charlemagne, une comète brille au ciel.

Une autre d'un aspect tout particulier, *cometa valdè singularis et terribilis*, apparaît à la mort du grand empereur.

Nous retrouvons une comète à la date de la conquête de l'Angleterre par les Normands.

Une comète *aux longs crins de feu* est observée en 1071, à l'époque où les luttes de l'Empire et de la papauté désolent l'Europe.

Une autre paraît au moment où commencent, sous Philippe de Valois et sous Édouard III, ces longues guerres qui occupent une si grande place dans notre histoire et dans celle de l'Angleterre.

Une comète précède l'abdication de Charles-Quint.

Lisbonne eut la sienne au moment où le roi don Sébastien partit pour cette expédition d'où il ne devait pas revenir.

Diverses comètes correspondent à l'apparition des Hussites en Allemagne ;

Aux prédications de Luther ;

A nos guerres de religion.

L'horrible nuit de la Saint-Barthélemy eut aussi son étoile, mais une étoile à part, comme le crime dont elle marqua peut-être l'heure ; *nova stella, non cometa*, disent les annales de l'astronomie ; et le chroniqueur ajoute : « Cette année-là il fut célébré à Paris des noces où l'on versa plus de sang que de vin. »

Quand l'apparition d'une comète ne se rattache pas à quelque grand souvenir historique, il est rare qu'elle ne coïncide pas avec les ravages d'un de ces fléaux, qui sont comme les châtiments de Dieu. La peste dont mourut Périclès, et dont Thucydide fut l'immortel historien, n'est pas la seule qui ait été pour ainsi dire annoncée par le passage d'une comète.

Le *Dieu vous bénisse !* charitablement adressé, depuis l'an de grâce 590, à toute personne qui éternue, rappelle une des pestes les plus terribles qui aient ravagé l'Europe, et dont les premières atteintes se manifestaient par un éternument. Cette peste fut précédée d'une comète.

La peste de Florence de 1340, la peste de Londres, en 1665, ont eu leurs comètes.

Le tremblement de terre de 1746, qui détruisit au Pérou les villes de Callao et de Lima, suivit de bien près l'apparition d'un astre de même nature.

Plus près de nous, la comète de 1783, dont le passage causa dans notre atmosphère des perturbations que la science a constatées, eut ses tremblements de terre aux deux extrémités de l'Europe. En Calabre, des églises, des maisons, furent renversées, des montagnes bouleversées, et quarante mille habitants périrent sous leurs débris. En même temps l'Islande était ébranlée par une éruption de l'Hécla et voyait un nouveau volcan s'ouvrir dans ses montagnes.

Il y aurait ingratitude à oublier que les tables astronomiques signalent l'apparition d'une comète dans l'année où fut découverte l'imprimerie. Reste à savoir si tout le monde verra là pour les comètes un moyen de réhabilitation.

VI

Nous avons aussi nos comètes contemporaines.

1769, l'année qui a donné à notre époque ses plus grands hommes : Napoléon, Wellington, Walter Scott, Cuvier, Soult, vit paraître une comète remarquable par son éclat et sa longue queue ; celle-là appartient à notre époque : la comète de Napoléon !

En 1799, l'année du retour d'Égypte et du 18 brumaire, une comète très-grande se montre sur notre horizon.

Il suffit d'écrire la date de 1811 pour rappeler tout à la fois une des plus brillantes comètes dont parlent les annales de l'astronomie, et des événements dont l'Europe entière a conservé la mémoire Les gourmets n'ont pas oublié non plus le vin de la comète.

VII

Encore une fois, Dieu me garde d'entrer en discussion avec les savants ! mais voilà des faits.

Et quand on les voit se reproduire pendant plus de quatre mille ans, sans règles apparentes, mais avec la même simultanéité, à toutes les époques, sous toutes les latitudes : la comète d'Alexandre après celle de Ninus, l'étoile de César après celle d'Alexandre, puis la comète de Charlemagne, puis celle de Napoléon, il est jusqu'à un certain point permis de croire que toute vérité n'est pas dans les calculs de la science.

Pour moi, que l'ombre d'Arago me le pardonne ! je comprends l'émotion que cause encore l'apparition d'une comète.

Les rapprochements qui précèdent, j'ai hâte de le dire, n'ont pas été faits d'une manière arbitraire. L'imagination et la fantaisie n'y sont pour rien ; l'astronomie et la chronologie en ont seules fait les frais.

Tous les faits, toutes les dates qui précèdent ont été puisés et contrôlés aux meilleures sources. Qu'il me suffise de citer le *Theatrum cometarum* de Lubinietzky et l'*Annuaire du bureau des Longitudes*.

Pour faire perdre aux comètes ce qu'a d'étrange et de surnaturel leur apparition imprévue et en quelque sorte désordonnée, au milieu de cet univers où règne un ordre si parfait, la science astronomique prétend les assujettir à une marche régulière comme les planètes.

Dans la comète dont la brusque apparition vient généralement surprendre tous les Observatoires, elle cherche, et parfois elle croit reconnaître un astre de même nature, déjà observé soixante-dix-sept ans ou cinq cent soixante-quinze ans auparavant; elle assigne à sa révolution une durée fixe et se hasarde à prédire son retour.

Ce sont là de fort beaux calculs. Mais, hélas !

Depuis 1835 tous nos astronomes attendent une de ces comètes, celle qu'ils se flattaient de connaître le mieux — la comète de Halley que nos grands pères ont vue en 1759, et qui devait reparaître après soixante-seize ans de voyage dans l'espace. Depuis bientôt vingt ans l'infidèle manque au rendez-vous. « On se perd en conjectures, dit un savant, sur les causes de sa disparition ou de son retard prolongé. »

En 1770, on signala une petite comète, une de celles qui généralement passent inaperçues, et on lui assigna cinq ans et demi pour faire sa révolution ; elle n'a jamais reparu.

Mais voyez où mènent ces découvertes : Arago lui-même nous apprend qu'il résulte des calculs faits sur la marche de l'une des comètes les plus célèbres, — celle qui effraya Rome à la mort de César, — que cette même comète a dû se montrer à l'époque du déluge.

En conclura-t-on que les comètes n'exercent aucune influence sur les destinées de ce monde ?

Il y a un autre moyen de démonétiser les comètes : c'est de les multiplier à l'infini. Aussi l'Observatoire ne s'en fait-il pas faute. Il découvre des légions de comètes ; il y a des années qui en ont cinq ou six ; des comètes que personne ne voit ; des *comètes Tom Pouce*, n'ayant barbe ni queue, et que les astronomes eux-mêmes n'aperçoivent guère, comme la planète de M. Leverrier, qu'avec les yeux de la foi.

Mais, de par le Bureau des longitudes, ce sont des comètes ; et, du moment qu'il n'y a pas d'année où il n'en pousse deux ou trois, il est tout naturel qu'on en trouve au moins une à la date de chaque événement. La comète n'est plus le privilége des grands hommes, et chacun de nous peut avoir la sienne.

Qu'en dites-vous? — Eh! mon Dieu, qu'il pourrait bien alors y avoir au ciel comètes et comètes, comme il y a sur terre fagots et fagots, et que l'innocence des unes ne prouverait nullement l'innocence des autres.

Mais on finirait par croire que je veux en remontrer aux savants.

Il en est bien quelques-uns dont je pourrais invoquer le témoignage : Bacon, Sydenham, T. Foster[1].

[1] Il est certain que, depuis l'ère chrétienne, les périodes les plus insalubres sont précisément celles durant lesquelles il s'est montré quelque grande comète. (T. FOSTER. *Illustrations of the atmospherical origin of epidemic diseases.*)

Ceux-là croyaient quelque peu à l'influence des comètes : il est vrai qu'ils n'avaient ni les esprits frappeurs ni les tables tournantes.

VIII

J'ai réservé pour un chapitre spécial la mention de quelques comètes qui se rattachent plus directement à la question d'Orient. Car ce n'est pas là une question née d'hier ; elle dure depuis que les Turcs sont campés en Europe.

Mahomet, né le 9 avril 571, eut aussi sa comète, qui nulle part ne parut briller d'un aussi vif éclat qu'à Constantinople.

Au moment où les conquêtes de Saladin font à tout jamais perdre aux chrétiens d'Orient le fruit des premières croisades, on voit une comète.

Une autre se montre à l'avénement

d'Othman I, le chef de la dynastie des sultans d'Europe.

A la fin du quatorzième et jusque dans les premières années du quinzième siècle, l'Orient nous offre le spectacle d'une des luttes les plus acharnées, les plus sanglantes dont notre globe ait jamais vu le théâtre. Un chef de barbares, un nouvel Attila, Tamerlan se précipite sur ces riches contrées pour les disputer aux fils d'Othman, et un moment le monde peut croire que la puissance déjà si redoutée des Osmanlis va s'arrêter et reculer devant cet autre *fléau de Dieu*. Bajazet est vaincu et meurt dans une cage de fer.

Jamais l'Orient ne vit au ciel tant de prodiges : de longs rayons de feu, trois comètes aux queues immenses et enflammées, *tres caudæ magnæ ignitæ cometarum*.

Tamerlan meurt deux ans plus tard ;
et la puissance qu'il avait fondée s'éteint
avec lui ; les astronomes du temps signalent à la même date une comète effrayante,
à la queue longue et pâle.

Le 28 mai 1453 Constantinople tombe
au pouvoir des Turcs. Mahomet II, son
vainqueur, non content d'avoir établi le
trône des sultans sur les débris de celui de
Constantin, veut étendre sa domination en
Europe. Il prépare une invasion formida-
ble, et, de leur côté, les puissances chrétiennes les plus directement menacées
s'agitent, s'unissent, s'arment pour arrêter le torrent.

Ces événements semblent écrits au ciel.
« Chaque soir, durant l'été de 1454, dit
« la chronique de Phranza, grand maître
« de la garde-robe des empereurs de Con-
« stantinople, aussitôt après le coucher du

« soleil, on voyait une comète semblable
« à un sabre droit. Cette comète, s'élevant
« de l'occident, faisait route vers l'o-
« rient. Quelques-uns pensèrent que cette
« comète en forme d'épée longue indi-
« quait que les chrétiens, habitants d'Oc-
« cident, viendraient à s'accorder pour
« marcher contre les Turcs et qu'ils rem-
« porteraient la victoire. »

Mahomet assiége Belgrade. Une victoire encore, et il semble que rien ne l'arrêtera plus. C'est le moment où la belle et célèbre comète de 1456 brille à l'horizon. Qu'annonce-t-elle au monde? Le triomphe des infidèles ou le salut de la chrétienté?

Il y avait dans ce temps-là moins d'esprits forts qu'aujourd'hui. L'apparition d'une comète au milieu et à la veille de tels événements causa une émotion dont personne ne fut exempt. L'Église ordonna des prières, et l'*Angelus*, que les cloches de nos temples catholiques sonnent encore à midi, n'a pas d'autre origine.

La foi de nos pères ne fut pas trompée. Comme l'avait annoncé la comète vue à Constantinople en 1454, le cimeterre se brisa contre l'épée longue et droite des chrétiens d'Occident, et le vainqueur de Constantinople, vaincu à son tour, fut obligé de lever le siége de Belgrade.

La date d'une autre comète observée en 1542 est aussi celle d'une expédition tentée par les puissances chrétiennes contre les Turcs et qui ne réussit pas.

Année fatale! Comète presque indigne de ce nom!

« Le vin fut mauvais, et tellement acide,
« dit un chroniqueur, qu'il fut impossible
« de le boire, et on l'appela *vin des Turcs*,
« à cause de l'expédition malheureuse faite
« en la même année contre les infidèles.»

Mais une autre comète fut témoin de la revanche prise par les chrétiens à la journée de Lépante, et 1811 a réhabilité les astres à longue queue dans l'esprit des vignerons.

IX

Et maintenant qui nous dira ce que présage la comète qui, il y a deux mois, est venue briller sur la France, au moment où nos troupes partaient pour une guerre lointaine?

Si jamais quelques mortels privilégiés ont eu le don de lire les destinées de ce monde écrites en traits de feu sur la voûte des cieux, ces hommes ont emporté leur secret dans la tombe.

Nos savants, à nous, ont fait du ciel une planche à calculs, une espèce de table de logarithmes ; là où leurs devanciers saisissaient parfois le secret de l'avenir, ils ne voient plus que des chiffres.

Peut-être n'y voient-ils que du feu.

Je ne sache pas qu'il ait jamais existé aucune théorie sur les divers pronostics à tirer des comètes d'après leur grosseur, leur éclat, l'étendue et la forme de leur queue, le point du ciel où elles apparaissent, etc. Que le lecteur ne s'attende pas non plus à nous en voir essayer une : le moment serait mal choisi, puisque personne ne veut plus avoir l'air de croire aux comètes.

Et cependant, pour les hommes naïfs et arriérés qui ne sauraient voir une comète avec indifférence et qui, sans chercher à pénétrer le secret de Dieu, pensent que sa puissance ne se manifeste jamais en vain, ces astres ne seront-ils jamais que des augures impénétrables ? N'y a-t-il aucune induction à tirer de l'époque de l'année où elles se montrent, de la route qu'elles suivent dans le ciel, ou même de la nature des événements qui sur la terre coïncident le plus souvent avec leur apparition?

Ainsi, et c'est la seule excursion que je veuille faire sur le terrain de l'astronomie, la comète de 1811, dont le souvenir se représente si naturellement à tous les esprits dans les circonstances actuelles, a paru sur notre horizon aux environs de l'équinoxe d'automne. La comète de 1854 nous est apparue à l'équinoxe du printemps.

Les deux équinoxes, — ce sont les antipodes en fait d'astronomie. Les deux comètes peuvent-elles présager les mêmes choses et exercer les mêmes influences?

L'une précédait la gelée, l'autre a été le signal du dégel; en attendant mieux.

Mais l'histoire des comètes me fournit une observation plus générale et que je veux consigner ici parce qu'elle leur fait honneur et implique leur moralité.

Si le lecteur a parcouru avec quelque attention le sommaire de dates et de faits qui est comme la pièce justificative du *préjugé* relatif aux comètes, il aura probablement remarqué que l'événement qui suit le plus souvent l'apparition de ces astres redoutés, c'est la chute de quelqu'un de ces pouvoirs qu'une aveugle et fatale ambition semble un instant avoir élevés au-dessus des limites de la puissance humaine.

Ces Titans de l'histoire veulent à leur tour escalader le ciel ; ils se flattent d'élever jusqu'à Dieu leur Babel orgueilleuse. La violence, l'astuce, l'usurpation, voilà les montagnes qu'ils entassent pour servir d'échelle à leur ambition et de piédestal à leur grandeur.

Xerxès veut commander aux éléments et fait châtier la mer qu'il trouve indocile. Attila s'intitule lui-même le *fléau de Dieu*. Tamerlan se proclame le *maître du monde* [1]. Mahomet II se fait appeler l'*Invincible*, la *Terreur de l'Europe*.

Dieu permet à ces orgueils d'éphémères triomphes. Tout semble un moment s'incliner devant eux ; ils marchent vainqueurs et superbes à travers les ruines. Plus ils seront élevés, plus leur chute sera éclatante et mieux elle attestera que nul n'arrive assez haut pour échapper à la main de celui qui *dépose les puissants*.

La défaite attend Xerxès à Salamine. La

[1] *Saheb-Keran*, littéralement *maître* ou *seigneur des grandes conjonctions*. Le vainqueur de Bajazet rendait hommage par là à la coïncidence frappante qui existe entre les prodiges observés au ciel de son temps et les principaux événements de son règne.

valeur des Francs anéantit dans les plaines
de Châlons les hordes d'Attila. Le vainqueur de Bajazet voit son armée périr de
froid et de misère dans les steppes de l'A-
sie. Mahomet II est réduit à fuir devant
Belgrade.

Et chaque fois que la terre a vu quelqu'une de ces grandes catastrophes, une
comète a promené dans le ciel ses feux
errants.

X

Nous avons vu de nos jours un de ces
orgueils que rien ne satisfait, une de ces
ambitions que rien n'arrête, toucher au
plus haut degré de la puissance humaine.
Ce n'a été l'œuvre ni d'un jour ni d'un
homme ; plusieurs générations ont tour à
tour apporté leur pierre à l'édifice ; mais
Nicolas le Superbe était bien l'homme qu'il

fallait pour couronner la Babel russe.

Tamerlan disait, au faîte de sa puissance : « La terre ne doit avoir qu'un « maître, comme il n'y a qu'un Dieu dans « le ciel. Et qu'est-ce que la terre avec tous « ses habitants pour l'ambition d'un grand « prince? »

Un Russe disait naguère, au nom de son maître, dans une proclamation adressée aux populations du Caucase : « Il n'y a que « deux puissances : Dieu dans le ciel et le « czar sur la terre; et si la voûte des cieux « s'écroulait, la Russie serait assez forte « pour la soutenir sur ses millions de baïon- « nettes.»

Puisque les comètes reviennent et nous visitent plus d'une fois, la comète de 1854 ne serait-elle pas celle de Xerxès, d'Attila et de Tamerlan?

DEUXIÈME PARTIE

LES PROPHÉTIES.

I

Dans tous les temps, chez tous les peuples, quelle que fût la religion dominante ou le degré de civilisation, on trouve un grand nombre de prophéties, circulant bien des années avant que les faits annoncés pussent être naturellement prévus, et que maintes fois l'événement a justifiées avec une exactitude au moins digne de remarque.

Les prophètes, cependant, les devins ont

leurs incrédules comme les comètes. La vérité démontrée de certaines prédictions est
mise sur le compte du hasard, comme la
coïncidence de certaines révolutions terres-
tres avec d'autres révolutions accomplies
dans les cieux.

Quel gros volume on écrirait cependant,
rien qu'avec le récit de faits qui, depuis le
commencement des âges historiques, ont
été prédits à une date antérieure et certaine, de manière à rendre toute méprise
impossible !

J'écarte, bien entendu, tout ce qui émane
des livres sacrés. Ce sont là des sujets qui
ne doivent être abordés qu'avec le respect
de la foi ; il y aurait une sorte de blasphème
à mettre sur la même ligne ces témoigna-
ges de la prescience divine et les prédictions dont il est question ici.

Mais, hors du domaine de l'Ancien et du

Nouveau Testament, presque tous les grands événements de ce monde ont été annoncés d'avance d'une manière assez circonstanciée pour qu'il soit au moins bien difficile d'attribuer exclusivement au hasard le rapport qui existe entre le fait et la prédiction. J'en citerai tout à l'heure plus d'un exemple.

II

Comme les événements destinés à avoir un long retentissement dans l'histoire, les grands hommes, presque tous, ont eu aussi leurs prophètes.

Au moment où Alexandre le Grand allait entrer à Babylone, un prophète chaldéen lui conseille de s'arrêter et lui prédit que le séjour de cette ville lui serait funeste. Alexandre passe outre et meurt quelques jours après.

César est averti en vain par cette voix qui, dans la foule, lui crie de prendre garde au Ides de Mars.

Qui ne connaît la prédiction faite à la mère de Duguesclin par une religieuse inconnue?

Un des livres les plus curieux et les plus intéressants qui aient été publiés dans ce temps-ci (*Mémoires et correspondances du roi Joseph*, par M. du Casse), nous apprend que, peu de jours avant sa mort, Charles Bonaparte, le père du vainqueur d'Austerlitz, s'écriait sur son lit de douleurs : « Que tout secours étranger ne pouvait le sauver, puisque ce *Napoléon, dont l'épée devait un jour triompher de l'Europe*, tenterait vainement de délivrer son père du dragon de la mort qui l'obsédait. » — Napoléon accomplissait alors sa quinzième année [1].

[1] Tome 1er, p. 29.

III

Je n'appelle pas prédictions ces juge-
ments, jusqu'à un certain point prophéti-
ques, portés à la veille des grandes crises
par des hommes que l'étude approfondie
de l'histoire, la connaissance exacte des
faits actuels et un génie supérieur ont in-
vestis d'une sorte de divination.

Presque tous les écrivains célèbres de
notre époque ont été, à leur jour, prophètes de cette manière. Il n'y a aucun rapport
à établir entre cette prescience qu'acquiert
parfois l'intelligence humaine et les prédictions comme celles que j'ai rappelées
plus haut.

Celles-là d'où viennent-elles? Comment
les expliquer?

Les anciens, dont on connaît le respect
pour les oracles, les attribuaient exclusi-

vement aux dieux. Aujourd'hui encore l'esprit religieux aime à les considérer comme une révelation accidentelle, comme une inspiration soudaine de la Divinité.

J'ajouterai une seule observation qui, d'ailleurs, n'exclut pas le caractère religieux des prédictions et prophéties. Il semble que l'admiration enthousiaste, l'affection passionnée, le dévouement sans bornes donnent en certains cas le don de prophétie ou y prédisposent ceux qui les éprouvent.

IV

Tout le monde connaît les prédictions adressées à deux jeunes créoles dont la fortune a eu quelque chose de si étrange au commencement de ce siècle : l'impératrice Joséphine et cette autre enfant de la Martinique qui est devenue sultane Validé.

En voici une que je crois inédite. Les

circonstances m'en ont été rapportées par des personnes sur la véracité desquelles je ne saurais élever le moindre doute, et qui en avaient une connaissance directe. Je n'en nommerai aucune, n'y étant point autorisé.

Cette prédiction m'a été racontée au moment où elle s'accomplissait de point en point, d'une façon presque miraculeuse. Il n'y avait dans ce récit ni arrière-pensée, ni vestige de passion politique, et je crois pouvoir le publier aujourd'hui sans blesser aucune convenance.

Il n'est aucun de nous qui ne se rappelle mademoiselle Gordon, cette femme courageuse dont le nom a été mêlé en 1835 au procès de Strasbourg.

Six ou sept ans plus tard, mademoiselle Gordon se trouvait aux Pyrénées pendant la saison des eaux ; artiste distinguée, elle fut invitée à passer quelques jours dans un château où se trouvaient en même temps madame la comtesse de Montijo et sa fille, qui touchait aux premières années de la jeunesse.

Mademoiselle Gordon avait conservé à Louis-Napoléon le dévouement enthousiaste dont elle lui avait déjà donné tant de preuves. Elle avait foi dans son génie, dans sa fortune, en parlait volontiers et n'en parlait jamais qu'avec une admiration passionnée et une confiance entière dans ses hautes destinées.

Le prince, objet de cet enthousiasme, de cette espèce de culte, était alors détenu au château de Ham, et, il faut bien le dire, mademoiselle Gordon ne réussissait guère à faire partager les sentiments dont elle était animée à ceux qui l'entouraient. Une jeune fille surtout, charmante enfant, déjà riche des plus heureux dons et promettant mieux encore, souriait avec la légèreté de son âge aux prophéties de l'artiste.

« Vous riez, mademoiselle, s'écria un
« jour celle-ci, dont la contradiction irri-
« tait l'enthousiasme, vous riez ! Eh bien !
« rappelez-vous ceci : IL *sera empereur*,
« IL *le sera, et* VOUS SEREZ IMPÉRATRICE,
« VOUS SEREZ SA FEMME. »

La jeune fille à qui cette prédiction fut adressée, il y a douze ou treize ans, est aujourd'hui l'impératrice Eugénie.

V

Mais venons à la question d'Orient.

On a déjà rappelé bien des fois celle des prédictions de Nostradamus qui s'applique au règne de Napoléon d'une manière si claire qu'il est presque impossible de garder aucun doute. Toutefois, dans la strophe suivante, le premier vers seul trouvait dans les événements dont nous avons été témoins une application bien directe.

> Par deux fois haut, par deux fois mis à bas ;
> L'Orient aussi, l'Occident faiblira ;
> Son adversaire, après plusieurs combats,
> *Par mer chassé*, au besoing faillira [1]

Le premier vers :

> Par deux fois haut, par deux fois mis à bas,

s'applique à Napoléon Ier; il ne peut y avoir aucun doute.

> Son adversaire. . . . .

celui qui deux fois assura sa chute, c'est la Russie, — la Russie devant laquelle nous avons vu tout prêts à s'incliner l'Orient et l'Occident affaiblis.

C'est donc le czar, la Russie, que menace le dernier vers :

> *Par mer chassé*, au besoing faillira.

[1] Centurie VIII, quatrain 59.

La prédiction n'a-t-elle pas bien l'air d'être en voie de s'accomplir?

VI

En voici une autre dont je ne saurais indiquer d'une manière précise ni l'origine ni la date, mais que je trouve rapportée dans un volume imprimé en 1843. Il s'agit d'un prince régnant au bord de la Newa et dont les mains sont tachées du sang de la Pologne.

> Envieux de Constantinopolis
> Il enverra ses furieux cosaques,
> Tuera Moldaves et Valaques,
> De Mahomet domptant les fils.
>
> Bretagne, Autriche et France unies
> Chasseront Russiens de Stamboul;
> Ceux-ci changeant de batteries
> Iront s'emparer de Kaboul [1].

Kaboul n'est-il là que pour la rime, ou

[1] *Mémoires et prophéties du petit homme rouge.*

le destin réserve-t-il en effet aux *Russiens* une revanche dans l'Asie centrale? Cela regarde l'Angleterre.

Quant à Stamboul, si les menaces de la prophétie ont un moment paru se rapprocher d'elle, les défenseurs prédits ne lui ont pas fait défaut, et le verset prophétique du *petit homme rouge* a tout l'air de se trouver plus vrai que les oracles ampoulés qui nous montraient si complaisamment naguère *les Cosaques désaltérant leurs cavales aux bains parfumés des sultanes.*

VII

Voici quelques prédictions plus complexes :

M. Henri Dujardin a publié, en 1840, un petit livre qui présente avec celui-ci quelque analogie, et est consacré spécialement aux prophéties concernant les révolutions de notre propre pays. Il y en a beaucoup, et j'en citerai une tout à l'heure qui n'est pas la moins curieuse. Je néglige d'ailleurs celles qui ne se rapportent pas à mon sujet. Mais, dans une sorte de *postscriptum* qui termine la brochure dont je parle, se trouve la prophétie suivante :

« La fortune se montrera incertaine en
« tre les Turcs et les Égyptiens ; tantôt
« ils vaincront et tantôt ils en seront vain
« cus. Et quand enfin les Égyptiens suc
« comberont, ce sera après avoir chère
« ment vendu leur chute aux Turcs.

« Les chrétiens traverseront la mer dans
« un élan spontané, avec tant de rapidité
« et tant de troupes, que l'on croira que
« toute la terre chrétienne vole en Orient.

« La foi de Notre-Seigneur Jésus-Christ
« sera portée dans les provinces de l'O–

« rient ; la croyance de Mahomet cessera,
« et les mahométans, et les Indiens, et les
« juifs demanderont le baptême de Jésus-
« Christ.

« Les Turcs embrasseront la foi du
« Christ, et les chrétiens qui avaient re-
« nié le Christ reviendront sous son joug
« si doux, et les empires seront soumis à
« un seul souverain. »

Les premières lignes de cette prophétie, relatives à la lutte des Égyptiens et des
Turcs, auraient fort bien pu, en 1840,
être improvisées après l'événement ; mais,
à cette époque, une expédition chrétienne en Orient était encore assez difficile à prévoir.

Sans être très-précis à cet égard, l'auteur de la prophétie semble au moins indiquer l'union des diverses nations chrétiennes pour cette expédition. Les événe-

ments de 1840 n'annonçaient pas tout à fait cela.

Quant aux deux derniers paragraphes, c'est au temps à nous en donner le commentaire.

VIII

Cette prédiction d'ailleurs a une date authentique, elle est tirée d'un livre dédié à Mathias, roi de Hongrie, et imprimée en 1550. Elle s'accorde assez bien avec celle que Maimbourg rapporte en ces térmes dans son ouvrage sur le schisme des Grecs :

« L'Orient est dans l'attente ; ses tra-
« ditions lui ont appris qu'*un roi des*
« *Francs serait tout à la fois son sau-*
« *veur et son vainqueur.* »

Cette tradition prophétique a bien pu

entrer pour quelque chose dans la répugnance avec laquelle le vieux parti musulman a accepté le secours des chrétiens.

IX

La prédiction qu'on va lire est textuellement extraite d'un opuscule publié à Paris en 1672, sous ce titre : *Prophéties et révélations des saints Pères*, par maître Michel Pirus, GRAND DOCTEUR EN L'ASTROLOGIE [1].

Le commencement de cette citation, à laquelle j'ai déjà fait allusion dans les pages précédentes, se rapporte à quelques-unes des conséquences de la Révolution française. Le lecteur dira lui-même si ces

[1] Petite brochure de 50 pages environ qui se trouve à la bibliothèque Sainte-Geneviève, sous le numéro V 710.

premières parties de la prédiction de Michel Pirus ne se sont pas vérifiées de point en point.

« . . . Les abbayes, prélatures et posses-
« sions des religieux seront mises en la
« possession des laïques, et, avec le temps,
« réduites en bien temporels, et les monas-
« tères seront appauvris et dévètus de toute
« leur beauté et richesse.

. . . .

« Contre le clergé s'élèveront tous faux
« chrétiens et le dépouilleront de tous ses
« biens temporels, ce qui se fera avec
« grande violence et meurtre, car les
« grands du monde soutiendront les anti-
« papes, et les évêques et prélats seront
« chassés de leurs dignités et poursuivis à
« mort, et le vrai pape, appauvri, chan-
« gera de lieu avec ses cardinaux.

. . . .

« Ils dépouilleront les Églises de leur
« piété, les royaumes de leur honneur, les
« villes de leurs moyens et les provinces de
« leur liberté. La noblesse se verra gour-
« mandée par ceux qui leur doivent obéir ;
« car la main du courroux de Dieu sera
« contre eux, et seront tués en plusieurs
« lieux, laissant leurs seigneuries déser-
« tes à l'abandon de leurs ennemis. »

J'ai besoin de répéter ici que cette citation est textuelle et que l'impression du
livre auquel elle est empruntée est bien
antérieure aux événements qu'il semble
raconter.

L'auteur voit ensuite les ennemis de
l'Église chrétienne profiter de ses divisions
et de ses malheurs. Il montre les progrès
« d'un grand *schisme* que l'on verra non
« pour zèle à la religion mais pour son ava-
« rice et ambition. » — Est-il possible de

désigner plus clairement l'agrandissement
et les prétentions de la Russie ? Enfin il
continue :

« A notre seul roi de France le ciel ré-
« serve ce puissant et unique pouvoir (ce-
« lui de mettre fin à tant de maux). Quand
« les royaumes du monde auront été tous
« déchirés par guerre et désolés de désas-
« tres, il les remettra en plus grande ri-
« chesse et puissance qu'ils n'auraient eue.
« Ce sacré titre d'empereur, qui lui a été
« donné en la personne de Charlemagne
« son devancier, attournera son chef si mi-
« raculeusement, que toutes gens et nations
« trembleront à l'ouïr parler, et le monar-
« que turc et toute sa monarchie s'humi-
« lieront à sa loi et à sa puissance… Il
« admirera la sainteté du pape, et le pape
« louera Dieu de la force de notre roi. »

Les royaumes désolés et déchirés par de

récentes convulsions, puis pacifiés par l'heureux effet du rétablissement de l'ordre en France, le titre d'empereur rendu à notre souverain, le saint-siége protégé par nos armes, les vertus de Pie IX, tout ne semble-t-il pas indiquer que les temps annoncés par cette prédiction sont venus?

« Ou ne viendront jamais, » ajouteront les incrédules. Qu'ils relisent les premiers paragraphes et qu'ils mettent en regard l'histoire des premières années de notre révolution.

X

Mon intention d'ailleurs n'est en aucune façon de discuter avec les incrédules.

Je le disais en commençant, c'est comme le privilége de toutes les grandes époques, d'avoir été annoncées à l'avance. Tout indique que nous touchons aujourd'hui à une de ces époques ; j'ai recueilli quelques-unes des prédictions qui semblent s'y rapporter.

L'avenir dira ce qu'elles valent.

XI

C'est un privilége des prophètes de ne point assigner de date précise aux événements qu'ils annoncent. Simple compilateur, je n'ai pas l'ambition d'ajouter quoi que ce soit à ce qu'ils ont écrit.

Mais il n'y a pas un de mes lecteurs qui ne soit déjà familier avec une petite opération d'*arithmomancie*, — pardon pour ce mot tout grec, qui veut dire prédiction par les chiffres, — à l'aide de laquelle une date et les chiffres dont elle se compose, combinés de certaine façon, donnent des résultats surprenants. Tous les almanachs en contiennent des exemples.

Un calcul très-simple, sur la date d'un événement ou d'une naissance, indique, pour celui dont on tire ainsi l'horoscope. par l'arithmétique, l'année de quelque grand événement. La même opération peut se renouveler sur cette seconde date, et le résultat est encore plus significatif.

Voilà la théorie; voici les résultats qu'elle donne, appliquée à la date de l'avénement de l'empereur Nicolas : 1825 :

$$
\begin{array}{r}
1825 \\
1 \\
8 \\
2 \\
5 \\
\hline
1841
\end{array}
$$

L'année 1841 marque, en effet, dans la carrière du souverain actuel de la Rus-

sie ; c'est celle de sa plus grande prépon-
dérance en Orient et en Europe. Recom-
mençons notre addition :

$$
\begin{array}{r}
1841 \\
1 \\
8 \\
4 \\
1 \\
\hline
1855
\end{array}
$$

Que sera 1855 ? l'année du triomphe
définitif, ou celle de la chute ?

C'est le secret de Dieu !

XII

L'on se tromperait étrangement si l'on
supposait à l'auteur de ces lignes la pensée
presque sacrilége de pénétrer ou de surprendre ce secret.

Je n'ai voulu que rappeler certains faits

et indiquer des rapprochements qui n'ont rien d'arbitraire ni de forcé. Si d'abord j'ai été guidé par le sentiment qui s'attache naturellement aux choses curieuses, j'ai fini par trouver dans ces recherches une satisfaction dont je n'ai point à me défendre puisqu'elle tient à une pensée de patriotisme, puisqu'elle est un nouveau motif de confiance dans la cause et le triomphe de la France.

Si c'est un préjugé que de voir un présage dans l'apparition d'une comète, laissez-nous du moins nos raisons de croire que ce présage est en faveur de nos armes, et que si d'autres comètes furent pour nous un signe de désastre, celle de 1854 nous annonce une revanche.

N'est-ce rien aussi, quand on parcourt ces anciennes prophéties, parfois si curieuses que le plus incrédule est forcé de s'étonner, n'est-ce rien que de voir ces

hommes, qui, dans d'étranges contempla-
tions ou tout simplement dans leurs illu-
sions, ont cru lire le secret de l'avenir,
s'accorder à signaler la France comme la
terre réservée entre toutes aux belles et
grandes destinées, et le roi des Francs
comme l'arbitre du monde, *vainqueur et
pacificateur ?*

Si ce ne sont pas là des prédictions,
c'est du moins un hommage rendu à la
gloire de notre patrie, au rang qu'elle a
toujours occupé parmi les nations.

Quant à moi, du reste, je ne m'en dé-
fends pas, j'écoute volontiers ces prédictions et, plus volontiers encore, je m'en
suis fait l'écho. Comment craindre qu'elles
soient démenties par l'événement, quand
on voit l'ardeur avec laquelle nos soldats
s'élancent à une expédition lointaine, dont
la gloire semble avoir été promise à notre
époque.

Les prophètes ont raison : le schisme et la barbarie seront vaincus ; l'autocrate orgueilleux qui a osé se croire l'égal de Dieu sera abaissé ; le chef des Francs sera le vainqueur et le pacificateur de l'Orient, et pour terminer par un oracle emprunté au *Double Liégeois* pour 1854 (prédictions pour décembre) :

« La guerre sera reconnue pour le plus grand des maux, quand elle a pour motif la vanité. »